U0114822

4-5歲

幼兒全方位
智能開發

數學篇 **基本加法**

1 + 1 = 2

園丁文化

2 和 **3** 的組合

● 請在下面每組圖中各加畫一條線，把每組水果分成兩份。
（注：兩份不必均等。）

1.

| 2 | 🍓 🍓 |

2.

| 3 | 🍌 🍌 🍌 |

● 數一數，下面每組有多少個水果？請在 □ 內填上適當的數字。

3.

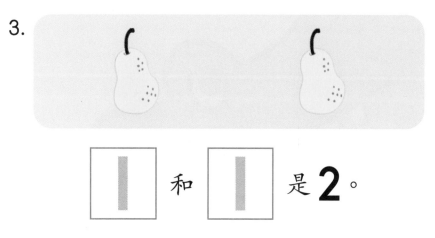

| Ⅰ | 和 | Ⅰ | 是 **2**。

4.

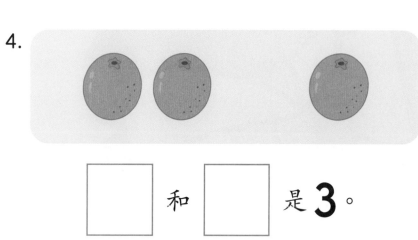

| □ | 和 | □ | 是 **3**。

2

4 和 5 的組合

● 請在下面每組圖中各加畫一條線，把每組小食分成兩份。
（注：兩份不必均等。）

1.
| 4 | 🧁 🧁 🧁 🧁 |

2.
| 5 | 🍮 🍮 🍮 🍮 🍮 |

● 數一數，下面每組有多少顆糖果？請在 ☐ 內填上適當的數字。

3.

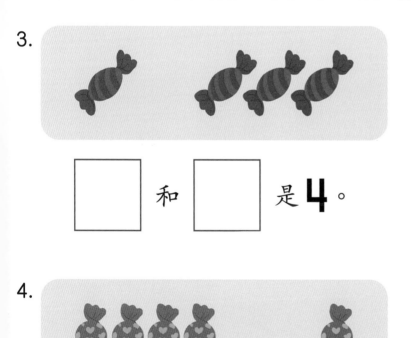

☐ 和 ☐ 是 **4**。

4.

☐ 和 ☐ 是 **5**。

3

6 的組合

● 請在下面每組圖中各加畫一條線，把每組蝴蝶結分成兩份。
（注：兩份不必均等。）

1.

2.
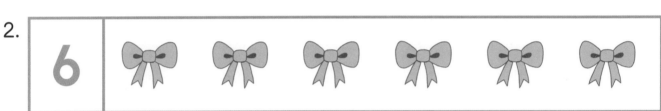

● 下面哪些襪子上的數字能組成 6？請把它們圈出來。

3.

4

7 的組合

● 請在下面每組圖中各加畫一條線，把每組蘋果分成兩份。
（注：兩份不必均等。）

1.
| 7 | 🍎 🍎 🍎 🍎 🍎 🍎 🍎 |

2.
| 7 | 🍎 🍎 🍎 🍎 🍎 🍎 🍎 |

● 下面哪些籃子上的數字能組成 7？請把它們圈出來。

3.

5

8 的組合

● 請在下面每組圖中各加畫一條線，把每組花兒分成兩份。
（注：兩份不必均等。）

1.

2.

● 請在 ☐ 內填上適當的數字，形成 8 的組合。

3.

4.
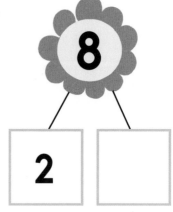

5.

6.

6

9 的組合

● 請在下面每組圖中各加畫一條線，把每組螃蟹分成兩份。
  （注：兩份不必均等。）

1.

2.

● 請在 ☐ 內填上適當的數字，形成 9 的組合。

3.
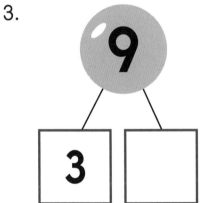

4.
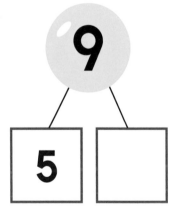

5.
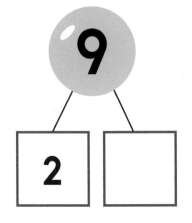

6.
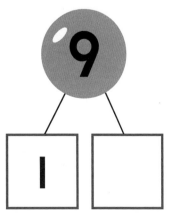

7

10 的組合

● 請在下面每組圖中各加畫一條線，把每組朱古力分成兩份。
（注：兩份不必均等。）

1.

2.

● 請在 ☐ 內填上適當的數字，形成 10 的組合。

3.
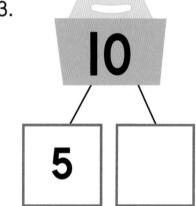

4.
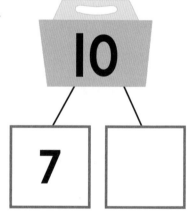

5.

6.
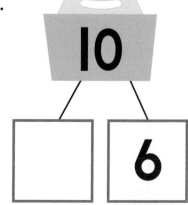

8

● 火箭上的兩個數字能組成哪個數？請用線把火箭與正確的星球連起來。

1.  ●   ●

2.  ●   ●

3.  ●   ●

4.  ●   ●

5.  ●   ●

11 的組合

● 樹上掛了四串繩子，每串繩子需要加上多少面旗子，才夠 11 面呢？請在 ☐ 內填上適當的數字，並在繩子上補畫適當數量的旗子。

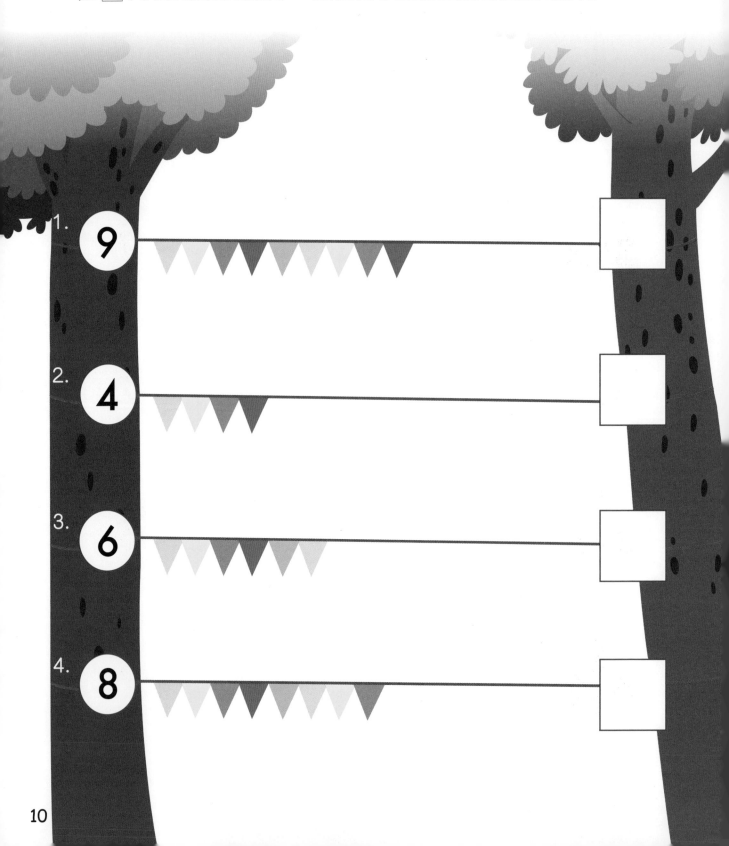

10

12 的組合

● 下面有四盒 12 隻裝的雞蛋，每盒需要加上多少隻雞蛋，才能把盒子裝滿？請把適當的數字填在 ☐ 內。

1.
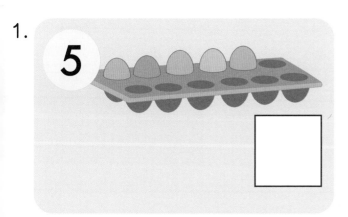

2.
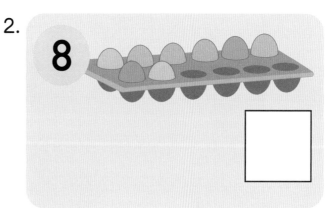

3.
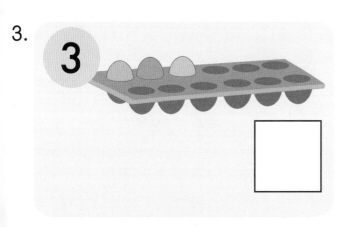

4.
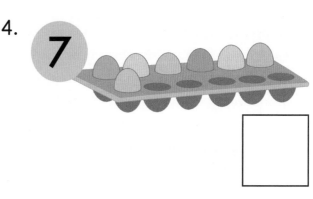

● 下面哪些籃子上的數字能組成 12 ？請把它們圈出來。

5.

13 的組合

● 請根據圖畫，在 ☐ 內填上適當的數字，形成 13 的組合。

1.

13

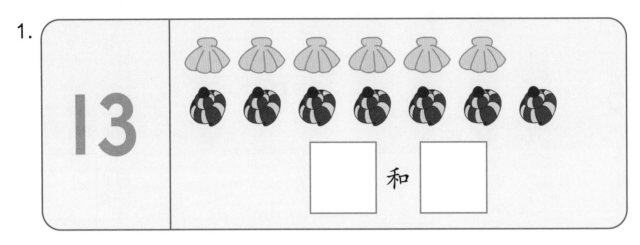

☐ 和 ☐

2.

13

☐ 和 ☐

3.

13

☐ 和 ☐

14 的組合

● 請根據圖畫，在 ☐ 內填上適當的數字，形成 14 的組合。

1.

14

☐ 和 ☐

2.

14

☐ 和 ☐

3.

14

☐ 和 ☐

13

15 的組合

● 請根據圖畫，在 □ 內填上適當的數字，形成 15 的組合。

1.

15

□ 和 □

2.

15

□ 和 □

3.

15

□ 和 □

14

16 的組合

● 請根據圖畫，在 ☐ 內填上適當的數字，形成 16 的組合。

1.

16

☐ 和 ☐

2.

16

☐ 和 ☐

3.

16

☐ 和 ☐

17 和 18 的組合

● 請根據圖畫，在 ☐ 內填上適當的數字，形成 17 和 18 的組合。

1.

17　　❤ ❤ ❤ ❤ ❤ ❤ ❤ ❤
　　　❤ ❤ ❤ ❤ ❤ ❤ ❤ ❤ ❤

☐ 和 ☐

2.

18

☐ 和 ☐

● 你還想到其他形成 18 的組合嗎？請用 ▲ 和 ■ 畫出來。

16

● 欣欣迷路了，不知道怎樣回家。幸好有小仙女為她指引方向。
請根據小仙女的話，畫出正確的路線，帶欣欣回家吧。

你只要依着這些數的組合順序走，就可以回到家了。
11 → 12 → 13 → 14 → 15 → 16 → 17 → 18

2 和 9	6 和 6	8 和 7	6 和 5
5 和 9	5 和 8	9 和 5	7 和 7
8 和 2	4 和 7	8 和 7	9 和 6
3 和 9	5 和 5	7 和 9	9 和 1
8 和 3	4 和 8	9 和 8	9 和 9

加 1 是多少

● 數一數，方框內有多少個水果？請把答案寫在橫線上。

1.

$$3 + 1 = \underline{\quad\quad}$$

2.

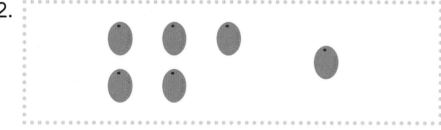

$$5 + 1 = \underline{\quad\quad}$$

● 算一算，請把答案寫在橫線上。

3.
$$1 + 1 = \underline{\quad\quad}$$

4.
$$2 + 1 = \underline{\quad\quad}$$

5.
$$4 + 1 = \underline{\quad\quad}$$

6.
$$6 + 1 = \underline{\quad\quad}$$

7.
$$7 + 1 = \underline{\quad\quad}$$

8.
$$8 + 1 = \underline{\quad\quad}$$

加 2 是多少

● 數一數，方框內有多少件文具？請把答案寫在橫線上。

1.

$$4 + 2 = \underline{\hspace{2em}}$$

2.

$$7 + 2 = \underline{\hspace{2em}}$$

● 算一算，請把答案寫在橫線上。

3.
$$1 + 2 = \underline{\hspace{2em}}$$

4.
$$3 + 2 = \underline{\hspace{2em}}$$

5.
$$7 + 1 = \underline{\hspace{2em}}$$

6.
$$9 + 1 = \underline{\hspace{2em}}$$

7.
$$5 + 2 = \underline{\hspace{2em}}$$

8.
$$6 + 2 = \underline{\hspace{2em}}$$

加 3 是多少

● 數一數，方框內有多少包零食？請把答案寫在橫線上。

1.

$$2 + 3 = \underline{\qquad}$$

2.

$$6 + 3 = \underline{\qquad}$$

● 算一算，請把答案寫在橫線上。

3.　$4 + 2 = \underline{\qquad}$

4.　$8 + 3 = \underline{\qquad}$

5.　$3 + 3 = \underline{\qquad}$

6.　$5 + 3 = \underline{\qquad}$

7.　$7 + 3 = \underline{\qquad}$

8.　$9 + 1 = \underline{\qquad}$

加 4 是多少

● 數一數，方框內有多少件玩具？請把答案寫在橫線上。

1.

$$1 + 4 = \underline{\qquad}$$

2.
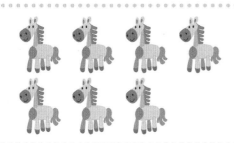 

$$7 + 4 = \underline{\qquad}$$

● 算一算，請把答案寫在橫線上。

3.
$$6 + 4 = \underline{\qquad}$$

4.
$$2 + 4 = \underline{\qquad}$$

5.
$$8 + 4 = \underline{\qquad}$$

6.
$$5 + 2 = \underline{\qquad}$$

7.
$$9 + 3 = \underline{\qquad}$$

8.
$$3 + 4 = \underline{\qquad}$$

21

加 5 是多少

● 數一數，方框內有多少隻昆蟲？請把答案寫在橫線上。

1.

$$3 + 5 = \underline{\hspace{1cm}}$$

2.

$$9 + 5 = \underline{\hspace{1cm}}$$

● 算一算，請把答案寫在橫線上。

3.
$$4 + 5 = \underline{\hspace{1cm}}$$

4.
$$8 + 5 = \underline{\hspace{1cm}}$$

5.
$$6 + 5 = \underline{\hspace{1cm}}$$

6.
$$2 + 4 = \underline{\hspace{1cm}}$$

7.
$$1 + 5 = \underline{\hspace{1cm}}$$

8.
$$7 + 2 = \underline{\hspace{1cm}}$$

● 請算一算下面各個格子的答案，把答案是 9 和 10 的格子填上顏色，看看出現了什麼數字？

2 + 4	4 + 5	5 + 5	6 + 3	5 + 3
7 + 5	9 + 1	7 + 1	7 + 2	1 + 2
4 + 1	5 + 4	7 + 3	6 + 4	8 + 4
3 + 5	3 + 2	6 + 5	8 + 1	3 + 3
5 + 2	8 + 3	3 + 4	8 + 2	7 + 4

加 6 是多少

 數一數，方框內有多少顆糖果？請把答案寫在橫線上。

1.

$$8 + 6 = \underline{\qquad}$$

2.

$$2 + 6 = \underline{\qquad}$$

● 算一算，請把答案寫在橫線上。

3.

$$4 + 3 = \underline{\qquad}$$

4.

$$3 + 6 = \underline{\qquad}$$

5.

$$9 + 6 = \underline{\qquad}$$

6.

$$1 + 6 = \underline{\qquad}$$

7.

$$6 + 6 = \underline{\qquad}$$

8.

$$5 + 4 = \underline{\qquad}$$

加 7 是多少

● 數一數，方框內多少個有蔬果？請把答案寫在橫線上。

1.

$$4 + 7 = \underline{\qquad}$$

2.
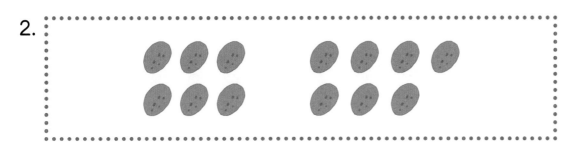

$$6 + 7 = \underline{\qquad}$$

● 算一算，請把答案寫在橫線上。

3.
$$7 + 7 = \underline{\qquad}$$

4.
$$8 + 7 = \underline{\qquad}$$

5.
$$4 + 6 = \underline{\qquad}$$

6.
$$2 + 5 = \underline{\qquad}$$

7.
$$5 + 7 = \underline{\qquad}$$

8.
$$3 + 7 = \underline{\qquad}$$

加 8 是多少

● 數一數，方框內有多少件餐具？請把答案寫在橫線上。

1.

$$5 + 8 = \underline{\qquad}$$

2.

$$1 + 8 = \underline{\qquad}$$

● 算一算，請把答案寫在橫線上。

3.　$4 + 8 = \underline{\qquad}$

4.　$9 + 8 = \underline{\qquad}$

5.　$3 + 8 = \underline{\qquad}$

6.　$6 + 4 = \underline{\qquad}$

7.　$8 + 8 = \underline{\qquad}$

8.　$2 + 7 = \underline{\qquad}$

加 9 是多少

● 數一數，方框內有多少枝花朵？請把答案寫在橫線上。

1.

$$5 + 9 = \underline{\hspace{2cm}}$$

2.

$$7 + 9 = \underline{\hspace{2cm}}$$

● 算一算，請把答案寫在橫線上。

3.
$$9 + 9 = \underline{\hspace{1.5cm}}$$

4.
$$1 + 9 = \underline{\hspace{1.5cm}}$$

5.
$$4 + 9 = \underline{\hspace{1.5cm}}$$

6.
$$3 + 9 = \underline{\hspace{1.5cm}}$$

7.
$$2 + 6 = \underline{\hspace{1.5cm}}$$

8.
$$6 + 8 = \underline{\hspace{1.5cm}}$$

● 小敏寫了一封密碼信，你看得懂嗎？請先算一算下列題目，把答案寫在 □ 內；然後對照密碼表，在 ○ 內寫出對應的中文字，就看得懂信的內容了。

密碼表	10 爸	11 媽	12 他	13 你	14 我
	15 喜	16 歡	17 愛	18 食	

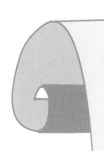

1. $4 + 7 =$

2. $5 + 6 =$

3. $6 + 8 =$

4. $8 + 9 =$

5. $6 + 7 =$

橫式練習

● 請算一算下面各題，把答案寫在橫線上，並記錄完成此練習所需的時間。

1.

$2 + 3 = $ _____

2.

$4 + 7 = $ _____

3.

$6 + 4 = $ _____

4.

$7 + 9 = $ _____

5.

$8 + 2 = $ _____

6.

$5 + 6 = $ _____

7.

$3 + 8 = $ _____

8.

$1 + 5 = $ _____

9.

$7 + 1 = $ _____

10.

$9 + 6 = $ _____

11.

$2 + 9 = $ _____

12.

$4 + 2 = $ _____

 我用 _____ 分鐘完成了這個練習！

直式練習（一）

● 請算一算下面各題，把答案寫在 ☐ 內，並記錄完成此練習所需的時間。

1.
$$\begin{array}{r} 4 \\ +\ 3 \\ \hline \end{array}$$

2.
$$\begin{array}{r} 9 \\ +\ 4 \\ \hline \end{array}$$

3.
$$\begin{array}{r} 6 \\ +\ 7 \\ \hline \end{array}$$

4.
$$\begin{array}{r} 1 \\ +\ 4 \\ \hline \end{array}$$

5.
$$\begin{array}{r} 5 \\ +\ 5 \\ \hline \end{array}$$

6.
$$\begin{array}{r} 3 \\ +\ 4 \\ \hline \end{array}$$

7.
$$\begin{array}{r} 7 \\ +\ 3 \\ \hline \end{array}$$

8.
$$\begin{array}{r} 2 \\ +\ 6 \\ \hline \end{array}$$

9.
$$\begin{array}{r} 3 \\ +\ 2 \\ \hline \end{array}$$

10.
$$\begin{array}{r} 8 \\ +\ 1 \\ \hline \end{array}$$

11.
$$\begin{array}{r} 4 \\ +\ 8 \\ \hline \end{array}$$

12.
$$\begin{array}{r} 8 \\ +\ 9 \\ \hline \end{array}$$

 我用＿＿＿＿分鐘完成了這個練習！

直式練習（二）

請算一算下面各題，把答案寫在 ☐ 內，並記錄完成此練習所需的時間。

1.
$$\begin{array}{r} 7 \\ + \ 8 \\ \hline \end{array}$$

2.
$$\begin{array}{r} 4 \\ + \ 6 \\ \hline \end{array}$$

3.
$$\begin{array}{r} 6 \\ + \ 3 \\ \hline \end{array}$$

4.
$$\begin{array}{r} 5 \\ + \ 9 \\ \hline \end{array}$$

5.
$$\begin{array}{r} 4 \\ + \ 4 \\ \hline \end{array}$$

6.
$$\begin{array}{r} 1 \\ + \ 2 \\ \hline \end{array}$$

7.
$$\begin{array}{r} 8 \\ + \ 5 \\ \hline \end{array}$$

8.
$$\begin{array}{r} 2 \\ + \ 7 \\ \hline \end{array}$$

9.
$$\begin{array}{r} 9 \\ + \ 1 \\ \hline \end{array}$$

10.
$$\begin{array}{r} 5 \\ + \ 3 \\ \hline \end{array}$$

11.
$$\begin{array}{r} 7 \\ + \ 6 \\ \hline \end{array}$$

12.
$$\begin{array}{r} 1 \\ + \ 8 \\ \hline \end{array}$$

 我用＿＿＿＿分鐘完成了這個練習！

答案

P.2
1. 略　2. 略　3. 1,1　4. 2,1

P.3
1. 略　2. 略　3. 1,3　4. 4,1

P.4
1. 略　2. 略　3. 4,2；3,3

P.5
1. 略　2. 略　3. 6,1；4,3；2,5

P.6
1. 略　2. 略　3. 1
4. 6　5. 3　6. 4

P.7
1. 略　2. 略　3. 6
4. 4　5. 7　6. 8

P.8
1. 略　2. 略　3. 5
4. 3　5. 2　6. 4

P.9
1. 5　2. 7　3. 2
4. 9　5. 8

P.10
1. 2　2. 7　3. 5　4. 3

P.11
1. 7　2. 4　3. 9　4. 5
5. 6,6；2,10

P.12
1. 6,7　2. 5,8　3. 9,4

P.13
1. 7,7　2. 8,6　3. 9,5

P.14
1. 6,9　2. 8,7　3. 10,5

P.15
1. 9,7　2. 8,8　3. 10,6

P.16
1. 8,9　2. 9,9

P.17

2和9	6和6	8和7	6和5
5和9	5和8	9和5	7和7
8和2	4和7	8和7	9和6
3和9	5和5	7和9	9和1
8和3	4和8	9和8	9和9

P.18
1. 4　2. 6　3. 2　4. 3
5. 5　6. 7　7. 8　8. 9

P.19
1. 6　2. 9　3. 3　4. 5
5. 8　6. 10　7. 7　8. 8

P.20
1. 5　2. 9　3. 6　4. 11
5. 6　6. 8　7. 10　8. 10

P.21
1. 5　2. 11　3. 10　4. 6
5. 12　6. 7　7. 12　8. 7

P.22
1. 8　2. 14　3. 9　4. 13
5. 11　6. 6　7. 6　8. 9

P.23

2+4	4+5	5+5	6+3	5+3
7+5	9+1	7+1	7+2	1+2
4+1	5+4	7+3	6+4	8+4
3+5	3+2	6+5	8+1	3+3
5+2	8+3	3+4	8+2	7+4

P.24
1. 14　2. 8　3. 7　4. 9
5. 15　6. 7　7. 12　8. 9

P.25
1. 11　2. 13　3. 14　4. 15
5. 10　6. 7　7. 12　8. 10

P.26
1. 13　2. 9　3. 12　4. 17
5. 11　6. 10　7. 16　8. 9

P.27
1. 14　2. 16　3. 18　4. 10
5. 13　6. 12　7. 8　8. 14

P.28
1. 11,媽　　2. 11,媽
3. 14,我　　4. 17,愛
5. 13,你

P.29
1. 5　　2. 11　　3. 10
4. 16　5. 10　6. 11
7. 11　8. 6　9. 8
10. 15　11. 11　12. 6

P.30
1. 7　　2. 13　　3. 13
4. 5　5. 10　6. 7
7. 10　8. 8　9. 5
10. 9　11. 12　12. 17

P.31
1. 15　　2. 10　　3. 9
4. 14　5. 8　6. 3
7. 13　8. 9　9. 10
10. 8　11. 13　12. 9